来发现吧，来思考吧，来动手实践吧
一套实用性体验型亲子共读书

2

365数学

趣味大百科

日本数学教育学会研究部 著
日本《儿童的科学》编辑部 著

卓 扬 译

九州出版社
JIUZHOUPRESS

图书在版编目（CIP）数据

365 数学趣味大百科 . 2 / 日本数学教育学会研究部，
日本《儿童的科学》编辑部著 ；卓扬译 . -- 北京 ：九
州出版社， 2019.11（2020.5 重印）
ISBN 978-7-5108-8420-7

Ⅰ . ①3… Ⅱ . ①日… ②日… ③卓… Ⅲ . ①数学—
儿童读物 Ⅳ . ① O1-49

中国版本图书馆 CIP 数据核字（2019）第 237293 号

著作权登记合同号 ：图字 ：01-2019-7161

来自 读者 的反馈

（日本亚马逊 买家 评论）

 id: Ryochan

　　关于趣味数学的书有很多，像这种收录成一套大百科的确实不多。书里介绍了许多数学的不可思议的方法和趣人趣闻。连平时只爱看漫画类书的孩子，不用催促，也自顾自地看起了这本书。作为我个人来说，向大家推荐这套书。

 id: 清六

　　这是我和孩子的睡前读物。书里的内容看起来比较轻松，也相对浅显易懂。

id: pomi

　　一开始我是在一家博物馆的商店看到这套书的，随便翻翻感觉不错，所以就来亚马逊下单了。因为孩子年纪还小，所以我准备读给他听。

id: 公爵

　　孩子挺喜欢这套书的，爱读了才会有兴趣。

匿名 ⸺⸺⸺⸺⸺⸺⸺⸺⸺⸺⸺⸺⸺⸺⸺

这是一套除了小孩也适合大人阅读的书，不少知识点还真不知道呢。非常适合亲子阅读。

 匿名 ⸺⸺⸺⸺⸺⸺⸺⸺⸺⸺⸺⸺⸺⸺⸺

给侄子和侄女买了这套书。小学生和初中生，爸爸和妈妈，大家都可以看一看。

 id: GODFREE ⸺⸺⸺⸺⸺⸺⸺⸺⸺⸺⸺⸺

从简单的数字开始认识数学，用新的角度发现事物的其他模样，这套书让孩子尝试全新的探索方式。数学给我们带来的思维启发，对于今后的成长也大有裨益。

 id: Francois ⸺⸺⸺⸺⸺⸺⸺⸺⸺⸺⸺⸺⸺

我是买给三年级的孩子的。如何让这个年纪的孩子对数学感兴趣，还挺叫人发愁的。其实不只是孩子，我们家都是更擅长文科，还真是苦恼呢。在亲子共读的时候，我发现这套书的用语和概念都比较浅显有趣，让人有兴致认真读下来。

 id: NATSUT ⸺⸺⸺⸺⸺⸺⸺⸺⸺⸺⸺⸺⸺

我是小学高年级的班主任。为了让大家对数学更感兴趣，我为班级的图书馆购置了这套书。这套书是全彩的，有许多插画，很适合孩子阅读。

目　录

图标介绍

 计算中的数学

 测量中的数学

 图形中的数学

 规律中的数学

 历史中的数学

 生活中的数学

 数学名人小故事

 游戏中的数学

 体验中的数学

目　录

本书使用指南

图标类型

本书基于小学数学教科书中"数与代数""统计与概率""图形与几何""综合与实践"等内容，积极引入生活中的数学话题，以及"动手做""动手玩"的内容。本书一共出现了9种图标。

计算中的数学
内容涉及数的认识和表达、运算的方法与规律。对应小学数学知识点"数与代数"：数的认识、数的运算、式与方程等。

测量中的数学
内容涉及常用的计量单位及进率、单名数与复名数互化。对应小学数学知识点"数与代数"：常见的量等。

规律中的数学
内容涉及数据的收集和整理，对事物的变化规律进行判断。对应小学数学知识点"统计与概率"：统计、随机现象发生的可能性；"数与代数"：数的运算等。

图形中的数学
内容涉及平面图形和立体图形的观察与认识。对应小学数学知识点"图形与几何"：平面图形和立体图形的认识、图形的运动、图形与位置。

历史中的数学
数和运算并不是凭空出现的。回溯它们的过去，有助于我们看到数学的进步，也更加了解数学。

生活中的数学
数学并不是禁锢在课本里的东西。我们可以在每一天的日常生活中，与数学相遇、对话和思考。

数学名人小故事
在数学历史上，出现了许多影响世界的数学家。与他们相遇，你可以知道数学在工作和研究中的巨大作用。

游戏中的数学
通过数学魔法和益智游戏，发掘数和图形的趣味。在这部分，我们可能要一边拿着纸、铅笔、扑克和计算器，一边进行阅读。

体验中的数学
通过动手，体验数和图形的趣味。在这部分，需要准备纸、剪刀、胶水、胶带等工具。

作者
各位作者都是活跃于一线教学的教育工作者。他们与孩子接触密切，能以一线教师的视角进行撰写。

阅读日期
可以记录下孩子独立阅读或亲子共读的日期。此外，为了满足重复阅读或多人阅读的需求，设置有3个记录位置。

日期
从1月1日到12月31日，每天一个数学小故事。希望在本书的陪伴下，大家每天多爱数学一点点。

迷你便签
补充或介绍一些与本日内容相关的小知识。

引导"亲子体验"的栏目
本书的体验型特点在这一部分展现得淋漓尽致。通过"做一做""查一查""记一记"等方式，与家人、朋友共享数学的乐趣吧！

发现规律了！
第 21 只动物是什么

2月 01日

御茶水女子大学附属小学
久下谷明老师撰写

阅读日期　　月　日　　月　日　　月　日

发现排列的规律

今天是 2 月 1 日，所以今天的内容也和 21 有关。正在进行的是"猜猜第 21 只动物是什么"的游戏。

如图 1 所示，小狗、小猫和小老鼠以某种规律排成一行。猜猜第 14 只动物是什么？第 14 只是小老鼠。再来猜猜第 15 只动物是什么？第 15 只还是小老鼠。想必大家已经发现小动物们排队的规律了，它们是以"小狗、小猫、小猫、小老鼠、小老鼠"的顺序在排队。也就是说，以 5 只小动物为一组进行重复排列。

图 1

计算能答出小动物吗？

猜猜第 21 只动物是什么？通过已经掌握的排列规律，我们可以依次画出小动物进行解题，得知第 21 只是小狗。

不过其实，还有不用画画的方法。如图 2 所示，小动物以 5 只为一组进行重复排列，这样就可以通过乘法或除法进行计算。

图2

如果使用乘法，可以将第 21 只看作：5 只小动物为一组，进行 4 次重复排列后，再多加 1 只。"21 = 5 × 4 + 1"，可知排列顺序为 "5、5、5、5、小狗"。因此，第 21 只动物是小狗。

如果使用除法，可以将问题看作：21 只小动物能进行几次重复排列？"21 ÷ 5 = 4 余 1"，可知 5 只小动物为一组，进行 4 次重复排列后，多 1 只。因此，第 21 只动物是小狗。

问题继续进行，猜猜第 34 只动物是什么？"34 ÷ 5 = 6 余 4"，可知 5 只小动物为一组，进行 6 次重复排列后，多 4 只。因此，排列顺序为 "5、5、5、5、5、5、小狗、小猫、小猫、小老鼠"，第 34 只是小老鼠。

按照这种方法，不管是第 99 只，还是第 100 只，都能够简单猜出来。

根据这个排列规律，问题还有另一种问法：在 100 只排队的小动物中，一共有小狗多少只？答案是——20 只。你答对了吗？

9

奇妙的"日月同数"

青森县 三户町立三户小学
种市芳丈 老师撰写

月份和日期数字相同会怎样？

准备一本日历，把月份和日期数字相同的那几天画个圈。比如，3月3日、4月4日、5月5日等。仔细观察圈出的12天，你有什么发现吗？每隔1个月，"日月同数"就会出现在一星期中的同一天。以右页中这本2016年的日历为例，4月4日、6月6日、8月8日、10月10日、12月12日都是星期一；3月3日、5月5日、7月7日都是星期四；9月9日、11月11日、1月1日都是星期五。

为什么相隔1个月，就会出现如此神奇的星期"撞车"事件呢？

为什么星期会"撞车"？

这是因为"相邻两月分别有31天和30天""相间两个'日月同数'相隔2个月多2天"。我们来看一下从3月3日到5月5日经过的天数。3月3日到5月3日时，正好经过2个月，3月有31天，4月有30天，因此经过了61天。5月3日到5日为经过2天，共经过61 + 2 = 63（天）。

因为63可以被7整除，所以3月3日和5月5日是同一星期数。

通过这样的计算，我们可以发现奇妙的"日月同数"发生在每一年。这 12 天不仅"日月同数"，而且有好几天的星期数也相同，好像预示着会有好事情发生。

为什么 1 月 1 日和 3 月 3 日的星期数不同？因为 2 月是 28 天或 29 天。
为什么 7 月 7 日和 9 月 9 日的星期数不同？因为 7 月和 8 月都是 31 天。

让乘法变身!
口算的技巧

东京都　杉并区立高井户第三小学

吉田映子 老师撰写

阅读日期　　月　日　　月　日　　月　日

发现口算的突破口

想要对两位数 × 两位数进行口算，很多情况下会比较难。不过在了解数字特征后，也有不少这样的运算，是可以利用技巧来进行口算的。大家来试试 45×18 吧。

乍一看似乎不太容易，但仔细观察后，不难发现口算的突破口。

45 和 18 都是九九乘法表第 9 列的答案：45 = 9×5，18 = 9×2。因此，45×18 可以变形为（9×5）×（9×2）。

45×18 等于 9×5 和 9×2 的积。

交换因数位置积不变

在乘法中，交换因数的位置，积不变。即 9×5×9×2 = 9×9×5×2。这种运算定律叫作乘法交换律。

分别计算 9×9 和 5×2，可得 81 和 10，81 的 10 倍是 810。通

过简单的口算，答案就出来了。

花了这么多功夫，就是为了找到 10，找到这道题口算的突破口。

再来算算 16 × 35 吧

想一想有什么简化运算的方法。算式

$$16 \times 35 = (4 \times 4) \times (5 \times 7)$$

$$= (4 \times 5) \times (4 \times 7)$$

$$= 20 \times 4 \times 7$$

$$= 20 \times 28$$

$$= 560$$

20×28 这一步直接运算是没错，不过 28 这个数还可以再……变形！ $20 \times 4 \times 7$ 的计算就更简单了。

$$20 \times 4 \times 7$$

$$= 80 \times 7$$

$$= 560$$

来口算吧！

$16 \times 35 = 4 \times 4$ 和 5×7 的积
$= 4 \times 5$ 和……的积
$= 20 \times 4 \times 7$
$= 80 \times 7$

原来如此！

迷你便签

在九九乘法表的学习中，我们不仅要掌握诸如"二九十八""四七二十八"，也应该做好如"十八等于二九""二十八等于四七"的练习。

13

铅笔的数量单位

御茶水女子大学附属小学
冈田纮子老师撰写

12 支铅笔等于……

"买铅笔，买铅笔，买的铅笔装盒里。一盒不是 10 支，一盒它是 12 支，你说有趣不有趣。"铅笔除了"支"，还经常使用"打"这个数量单位。1 打等于 12 支，这与我们常用的十进制单位不同，是十二进制的，它来源于英制单位。

12 打等于……

将 12 打铅笔放在一起，就出现了一个新的数量单位"罗"。1 罗 =12 打，这时铅笔一共是 12 × 12 = 144 支。

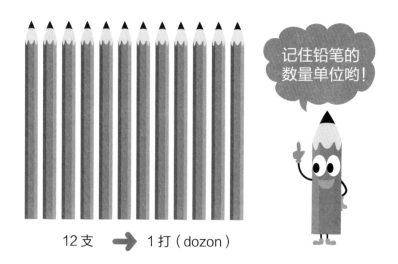

记住铅笔的数量单位哟！

12 支 ➡ 1 打（dozon）

再把 12 罗铅笔放在一起，就又出现了一个新的数量单位"大罗"。1 大罗 =12 罗，这时铅笔一共是 144 × 12 = 1728 支。

记住铅笔的数量单位哟！

12 打 ➡ 1 罗（gross）

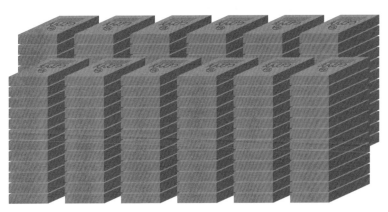

12 罗 ➡ 1 大罗（greab gross）

迷你便签

除了罗、大罗，还有小罗（small gross）这个数量单位。1 小罗 = 10 打，这时铅笔一共是 12 × 10 = 120 支。

世界上货币的面值和形状

大分县　大分市立大在西小学
二宫孝明 老师撰写

泰国的硬币值多少？

照片 1
硬币左侧的旋涡形符号是泰国的
数字 5。

从钱包里取出 1 枚硬币，你知道它的面值是多少吗？有人回答："面值什么的，一看便知呀。"的确，硬币上的"1"和"10"明明白白地说着答案呢（日元面值）。那么，你知道照片 1 里，这枚泰国硬币的面值是多少吗？答案是 5 泰铢，这个旋涡形状的符号就是泰国的数字 5。

吃惊！国外的货币

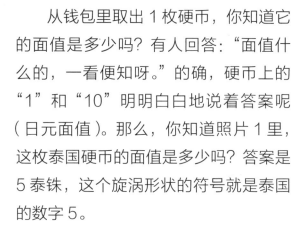

国外有许多形状有趣的硬币。如照片 2 所示，这枚英国硬币是不多见的七边形。如果钱包里装着一大把硬币，它肯定先被认出来。

大家再看看下面这张钞票，面值到底是多少呀？答案是，整整 100 亿津巴布韦元。拿着 1 张，就是亿万富豪的感觉。可惜，它的面值虽大，价

照片 2
英国的 50 便士，硬币是勒洛七边形
（见 8 月 18 日）。摄影／二宫孝明

值却很小。

好多的0！

　　回过头来看看日本的货币，和这些国家的比起来，很是普通。不过仔细观察，还是能看到隐藏在其中的数字密码的。比如，1日元硬币的直径是2厘米，重量是1克。5日元硬币的小孔直径为5毫米，只有它的面值是由汉字标注的。此外，一千日元纸币的长度为15厘米（见2月18日）。

迷你便签　　　津巴布韦因为恶性通货膨胀，不得不发行巨额面值的货币。

把数字连接起来

学习院小学部
大泽隆之老师撰写

阅读日期 月 日 | 月 日 | 月 日

在数字表上画线吧

在数字表上，连接相加得 50 的两个数，比如，15 和 35、16 和 34、17 和 33、12 和 38。连接之后，发现线段交于 25。

再试试 4 和 46、9 和 41、24 和 26……全部连接后，连线都是在 25 相交，很神奇吧。那么，"25" 是怎样的数字呢？它是 "50 的一半"（图 1）。

图 1   ＼ 相加得 50 ／

1	2	3	4	5	6	7	8	9	10
11	12	13	14	15	16	17	18	19	20
21	22	23	24	25	26	27	28	29	30
31	32	33	34	35	36	37	38	39	40
41	42	43	44	45	46	47	48	49	50

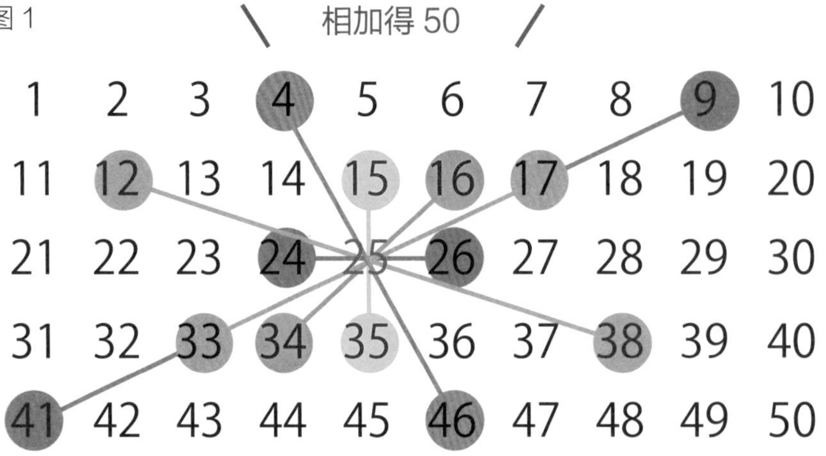

试试其他的数字

在数字表上，连接相加得 44 的两个数。比如，11 和 33、2 和 42、1 和 43…… 果然，这几组数字的连线交点都是 "44 的一半"。

在数字表上，连接相加得 40 的两个数。10 和 30 的连线穿过 20，也就是"40 的一半"。但是除此之外，26 和 14、33 和 7、4 和 36 这几组数字的交点都不在数字之上。难道是规律不灵了？等等，它们的交点是在 15 和 25 之间……可不就是"20"嘛（图 2）。

图 2

相加得 40

1	2	3	4	5	6	7	8	9	10
11	12	13	14	15	16	17	18	19	20
21	22	23	24	25	26	27	28	29	30
31	32	33	34	35	36	37	38	39	40
41	42	43	44	45	46	47	48	49	50

想一想

把纸卷起来

如右图所示，把纸卷成一个筒。这时连接相加得 40 的两个数，连线的交点就在 20。

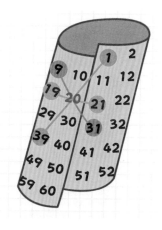

隐藏在榻榻米里的数学

东京都　丰岛区立高松小学
细萱裕子 老师撰写

阅读日期　　月　日　　月　日　　月　日

和室里的榻榻米

和室是日本传统房屋特有的房间，地面铺满榻榻米，空间被拉门和拉窗所分隔。近年来，越来越多的日本家庭在装修时没有选择和室房间，孩子们接触榻榻米的机会也变少了。

和室的面积，通常是用榻榻米的块数来表示，1 块称为 1 叠。6 叠的和室，就是可以铺满 6 块榻榻米大的房间；4 叠半的和室，就是可以铺满 4 块半榻榻米大的房间，半叠指的是半块榻榻米。

榻榻米应该怎么铺？

就算是面积相同的房间，也有多种铺设榻榻米的方式。以 4 叠半的和室为例，

如图 1 所示，"半叠"部分位于中央，而在图 2 中"半叠"部分

图 1

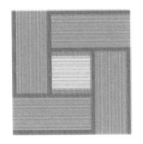

半叠（1 叠的一半）

1 叠

则位于角落。

　　如果"半叠"部分在图 3 所示的位置上又会如何呢？我们发现，剩下两块榻榻米放不进去啦。此外，榻榻米的长度是宽度的两倍。因此可知，半叠榻榻米是正方形的，两块榻榻米合在一起也是正方形的。我们利用榻榻米长宽比为 2:1，可以有许多种铺设方法。

图 2

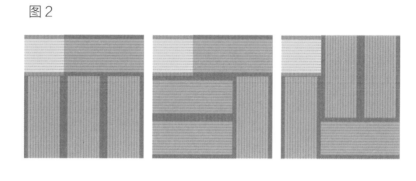

图 3

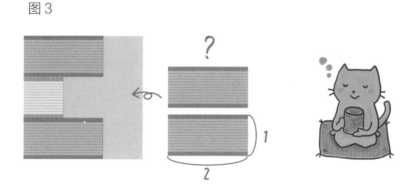

迷你便签

　　在不同地区和建筑中，榻榻米的大小有所不同。同是 6 叠或 8 叠大的房间，实际面积也可能不同。但是，不管榻榻米的大小如何改变，长宽比为 2:1 是固定的。

岩手县的人口是多少？很少吗

岩手县　久慈市教育委员会

小森笃 老师撰写

阅读日期　月　日　　月　日　　月　日

从上往下数是第几名？

都道府县是日本的行政划分，共有 1 都、1 道、2 府和 43 县。其中，岩手县位于日本本州岛东北部，东西约 122 千米、南北约 189 千米，呈南北稍长的椭圆形。岩手县总面积占日本总土地面积的 4% 之多，仅次于北海道，比首都圈内埼玉县、千叶县、东京都和神奈川县的面积都要大。

岩手县人口约为 128.4 万人。在日本 47 个都道府县中，岩手县的人口是多，还是少？

经过调查，我们发现岩手县的人口在 47 个都道府县中排行第 32 位。从排名来看，岩手县的人口

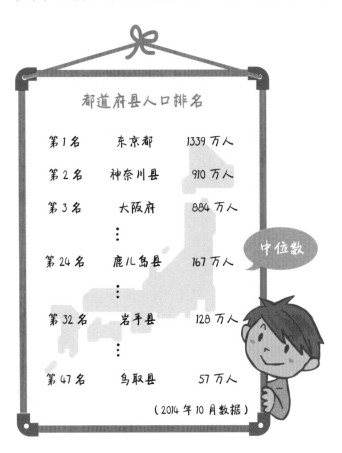

都道府县人口排名

第1名	东京都	1339 万人
第2名	神奈川县	910 万人
第3名	大阪府	884 万人
⋮		
第24名	鹿儿岛县	167 万人
⋮		
第32名	岩手县	128 万人
⋮		
第47名	鸟取县	57 万人

中位数

（2014 年 10 月数据）

绝对不算多。

各种各样的比较方法

日本总人口数约为 1 亿 2708 万人。总人口数被 47 个都道府县均分后，平均每 1 都道府县人口约为 270 万人。

12708.83（万人）÷47 ≈ 约 270（万人）

270 万是各都道府县人口的平均值。从平均值来看，岩手县的人口不多。

但从实际情况来看，日本有一半的都道府县人口都在 100 万人上下徘徊。虽然岩手县的人口排名仅在第 32 名，但与其他半数的都道府县人口相比，差别并不大。

不同的比较方法，会让人对同一事物的"多或少"产生不同的感觉。

什么是中位数？

47 个都道府县中，第 24 名的鹿儿岛县位于排名正中间，166.8 万人就是这组数据的中位数。

在日本，平均值在小学 5 年级时学习，中位数则是初中的学习内容。

计算中的数学

用图形来表现

九九乘法表②

东京都　杉并区立高井户第三小学

吉田映子老师撰写

2月
09日

阅读日期　　月　日　　月　日　　月　日

画一个圆开始

　　请看图 1。取九九乘法表各列答案的个位数，在下面圆形中依次用直线连接起来，1 列 -9 列的图案都出来啦。仔细观察图 1，我们可以发现 1 列和 9 列、2 列和 8 列、3 列和 7 列、4 列和 6 列的星星都是相同的。只有 5 列是孤零零的线段。

　　再观察星星外形相同的 4 组，你还有什么发现吗？

　　1 列和 9 列

　　2 列和 8 列

　　3 列和 7 列

图 1

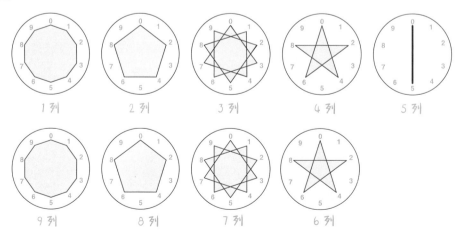

4 列和 6 列

每组数字相加都得 10。

注意乘法表的个位数

2 列和 8 列的星星虽然长得一样，但画法却不相同。2 列星星的画法是从 0 出发，沿 2、4、6、8、0……顺时针顺序；8 列星星的画法是从 0 出发，沿 8、6、4、2、0……逆时针顺序。

把九九乘法表的 2 列和 8 列都写出来，积的个位数顺序正好相反（图 2）。其他组也等待你的验证！

图 2

积的个位数顺序相反

2 列	（个位数）	8 列	（个位数）	
2 × 1 = 2	(2)	8 × 1 = 8	(8)	
2 × 2 = 4	(4)	8 × 2 = 16	(6)	
2 × 3 = 6	(6)	8 × 3 = 24	(4)	
2 × 4 = 8	(8)	8 × 4 = 32	(2)	
2 × 5 = 10	(0)	8 × 5 = 40	(0)	
2 × 6 = 12	(2)	8 × 6 = 48	(8)	
2 × 7 = 14	(4)	8 × 7 = 56	(6)	
2 × 8 = 16	(6)	8 × 8 = 64	(4)	
2 × 9 = 18	(8)	8 × 9 = 72	(2)	

按照规律连接圆圈内的数字，可以画出星状图案。如果改变"连接点数量"和"连接点间隔"，则可以得到各式各样的星状图案。

为什么使用毫米?
关于降水量的那些事儿

岩手县　久慈市教育委员会
小森笃老师撰写

阅读日期　　月　日　｜　月　日　｜　月　日

你知道雨量器吗?

雨量器

我们在天气预报中,经常听到"降水量为20毫米"之类的播报。降水量,是指从天空降落到地面上的水,未经蒸发、渗透、流失而在水平面上积聚的水层深度。明明表示的是降水的量,为什么要用一个长度单位呢?

奥秘就在测量降水量的方法上。

测量一段时间内某地区降水量的仪器,叫作"雨量器"。雨量器如左侧插图所示,是圆柱形的。雨量器上方的承水器打开,降雨在雨量器的储水瓶里储存起来。

也就是说,降水量是一段时间内某地区雨量器中储存的水层深度。因此降水量的计量单位是长度单位。

1毫米降水是什么概念?

"降水量1.0毫米",下的是一场怎样的雨?

"降水量 1.0 毫米"的意思是，在 1 平方米（边长为 1 米的正方形的面积）内的降水量达到水层深度 1 毫米。此时降下的雨量为，100 厘米（1 米）× 100 厘米 × 0.1 厘米（1 毫米）= 1000 立方厘米。因为 1 立方厘米 = 1 毫升，所以降水量 1000 毫升 = 1 升。"降水量 1.0 毫米"就等于每 1 平方米里增加 1 升的水。1 升有多少水，大家可以拿一盒 1 升装牛奶来看看。小小的 1 毫米降水量，代表的雨量却是不少。

一般来说，1 小时降水量超过 1 毫米的情况下，就需要带把伞了。

数值向下取 0.5 毫米的整数倍

降水量的数值向下取 0.5 毫米的整数倍。因此，实际降雨量 12.9 毫米的情况写作 12.5 毫米，实际降雨量 13.2 毫米的情况写作 13.0 毫米。

12.9毫米
↓
12.5毫米

13.2毫米
↓
13.0毫米

迷你便签

暴雨预警信号分 4 级，分别以蓝色、黄色、橙色、红色表示。发布暴雨预警信号，除了降水量达到某一标准，也考虑当地的土壤蓄水量。在本书 7 月 15 日还介绍了"游击式暴雨"，感兴趣的同学现在就可以翻过去啦。

决定了就是你！
扑克牌魔术

御茶水女子大学附属小学
冈田纮子 老师撰写

阅读日期 ✏ 月 日 ｜ 月 日 ｜ 月 日

我能猜中你的牌

今天给大家介绍一个扑克牌魔术。先让对方抽取一张扑克牌，再让对方回答几个问题，就可以在不看牌的情况下猜中对方抽的牌。

①取到的卡牌数字，加上比它大 1 的数。比如，对方抽到的是红桃 4，4 + 5=9（图 1）。

②将步骤①的答案乘以 5。9 × 5 = 45。

③将步骤②的答案加上花色对应的数字，红桃加 6，方块加 7，黑桃加 8，梅花加 9。抽到的是红桃，所以 45 + 6 = 51（图 2）。

只要知道计算结果，就可以知道对方抽的是哪张牌。

51 减去 5 等于 46，十位数是卡牌的数字，个位数代表卡牌的花

图 1

色。因此，对方抽的牌是"红桃4"！

来了，魔术大揭秘

为什么知道了结果，就能猜中对方手中的牌呢？答案就在步骤①②③的计算中。

首先，将卡牌数字设为□，卡牌花色设为△，可以得出图3的算式。将最后得到的数减去5，就等于 $10 \times □ + △$。因此，十位数是卡牌数字，个位数是卡牌花色。在卡牌数字大于或等于 10 的时候，百位数与十位数是卡牌数字，个位数是卡牌花色。

扑克牌魔术很简单吧，快来露一手，让小伙伴大吃一惊吧。

图2

图3

$$[□ + (□ + 1)] \times 5 + △ = 10 \times □ + 5 + △$$

迷你便签

魔术的步骤①中为什么要加上比它大 1 的数？这是为了在完成步骤①②③的计算后，得到的数字不会让人一眼看穿。玩一个减去 5 的小花样，是魔术不被识破的关键。

阿基米德在洗澡时找到了答案

2月12日

明星大学客座教授
细水保宏老师撰写

阅读日期　　月　日　　月　日　　月　日

是他发现了圆周率？

距今约 2300 年前，在古希腊的锡拉库萨城（今意大利锡拉库萨）有一位天才数学家阿基米德。

阿基米德发现了许多运算方法和图形规律，确定了求图形面积、体积的公式，至今依然沿用。

值得一提的是，阿基米德明确提出了杠杆原理，利用"杠杆"小力量能够移动重物，他也有了这样的豪言壮语："给我一个支点，我就能撬起整个地球。"此外，在没有电脑的时代，阿基米德还通过不断运算，求得了一个相当接近的圆周率数值。

尤里卡（我发现了）！

关于阿基米德，最广为流传的故事是解决了秤量皇冠的难题。相传锡拉库萨赫农王让工匠替他做了一顶纯金的王冠，做好后，国王疑心工匠在金冠中掺了假，但这顶金冠的确与当初交给金匠的纯金一样重。于是国王找到阿基米德："我命令你检验王冠的真假，但不能熔化和破坏王冠！"

最初，阿基米德也是冥思苦想而不得要领。一天，他去澡堂洗澡，当他坐进澡盆里时看到水往外溢，突然想到可以用测定固体在水中排水量的办法，来确定金冠比重。他兴奋地跳出澡盆，连衣服都顾不得穿就跑了出去，大声喊着："尤里卡（我发现了）！"之后，阿基米德来到王宫，把王冠和同等重量的纯金放在盛满水的两个盆里，发现放王冠的盆里溢出来的水比另一盆多。

这就说明王冠的体积比相同重量的纯金的体积大，可以证明王冠里掺进了其他金属。

泡澡的时候试试吧

慢慢沉入浴盆，感觉身体被轻轻托起。身体在水中受到向上的浮力，当浮力大于身体受到的重力（向下的力）时，水中的身体好像变轻了。

尤里卡！

公元前212年，古罗马军队入侵锡拉库萨。一个罗马士兵杀死了一位在地上埋头作几何图形的老人——阿基米德。传说，阿基米德留给世界最后一句话是"别把我的图弄坏了！"

巧做纸箱

13 日

神奈川县　川崎市立土桥小学
山本直老师撰写

　　纸箱是我们在生活中常见的东西。将一个立体的纸箱子拆开，能获得一张平面纸板，这就是展开图。今天我们将从绘制展开图开始，制作一个纸箱子。

准备材料

▶ 纸板
▶ 剪刀
▶ 胶带
▶ 铅笔
▶ 马克笔
▶ 尺子

● 绘制展开图

　　首先绘制展开图。如下图所示，裁剪好纸板，用铅笔画好实线和虚线。

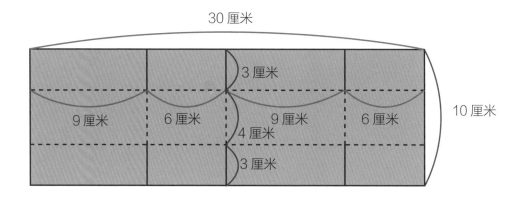

● 实线剪开

用剪刀沿实线剪开。

标注的实线长度为3厘米，是纸箱宽度6厘米的一半。因此，纸箱盖子可以正好合上。

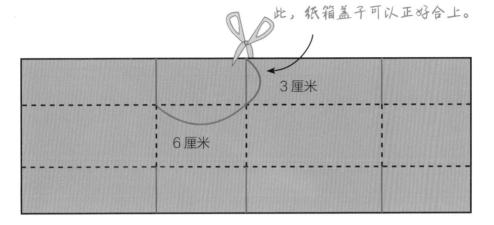

3厘米

6厘米

● 沿虚线折叠

虚线不剪，沿虚线折叠。

● 组装纸箱

如下图所示，组装纸箱。

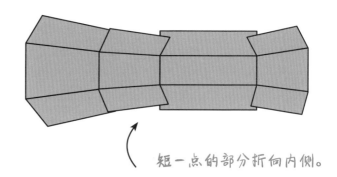

短一点的部分折向内侧。

● 胶带固定

最后，用胶带粘贴固定纸箱的底部和侧面这两处位置。

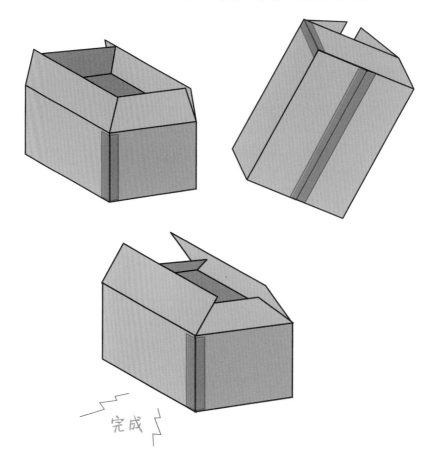

完成

制作一个骰子纸箱

先前制作的纸箱，6面都是长方形。现在，我们再来做一个6面都是正方形的纸箱，就像是骰子的形状。制作方法相同，在完成最后一步的胶带固定后，用马克笔画上骰子的小点儿，一个骰子纸箱就完成啦！

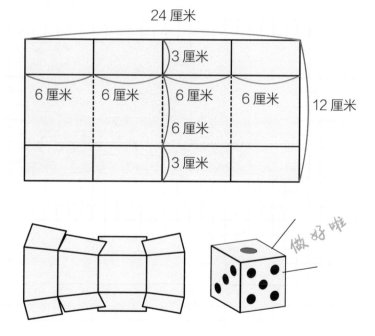

纸箱的顶部和底部都有两层纸板，所以会很牢固。只用一张纸板就做成了一个结实的纸箱，物尽其用，这个方法真是棒极了。

35

规律中的数学
7 6
8 2 1 5
3 4

巧克力的切割法

2月
14日

御茶水女子大学附属小学
冈田纮子老师撰写

阅读日期　　月　日　｜　月　日　｜　月　日

切几次可以全部变成小块？

如图 1 所示，这里有一板巧克力。如果想要把这一板巧克力切成 12 小块，最少需要切几次？当然，不可以重复、拐弯和斜切。

不管用什么方法，切割次数都会是巧克力块数－1？

大家开动脑筋，想一想有哪些切割方法？可以先竖着切 3 次，再横着切 8 次（图 2）。

再试试另一种切法（图 3），果然还是要切 11 次。为什么最少要切 11 次，才能把巧克力都变成小块呢？

图2

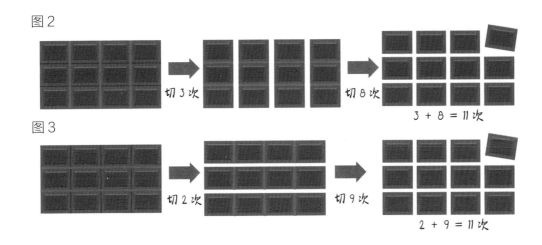

切 3 次

切 8 次

3 + 8 = 11 次

图3

切 2 次

切 9 次

2 + 9 = 11 次

切割次数是巧克力块数减1

一板巧克力切割 1 次后，就变成 2 块；切割 2 次后，变成 3 块；切割 3 次后，变成 4 块……切割 11 次后，就变成 12 块。也就是说，当切割次数是巧克力块数减 1 时，巧克力全被切成小块。

现在换一板竖向 5 块、横向 6 块的巧克力。想将它全部切成小块，最少需要切几次？首先可知，这一板巧克力里共有 5×6 = 30 块巧克力。想要把这一板巧克力切成 30 块，最少需要切 30 − 1 = 29 次。

不管用什么方法，最少切割次数都会是巧克力块数 — 1。大家可以再试试用其他切割方法来验证一下哟。

各种各样的量词

2月 15日

计算中的数类

大分县　大分市立大在西小学

二宫孝明老师撰写

阅读日期　　月　日　｜　月　日　｜　月　日

不是鸟类，为什么量词是"羽"？

　　一群麻雀叽叽喳喳，向我们飞来。到底有几只呢，我们数着"1 只、2 只……"而在日本，则将鸟类的量词写作"羽"。这时，又有好多车子向我们疾驰而来，我们数着"1 辆、2 辆……"

　　根据描述对象的不同，量词自然也不尽相同。人、张、条、碗、颗……我们身边，有许许多多的量词，其中不乏有意思的、少见的量词。

　　现代日语中，表示动物数量的量词主要有 3 个：匹、头、羽，通常"羽"是鸟类的量词。这就怪了，为什么日本人在数兔子时用的量词是"羽"呢？小伙伴们可千万别想象成小兔子长出翅膀满天飞的场景。接下来，我们就来了解这一量词用法的由来。

有趣的量词用法由来

据说在日本古代的某些时期，有神谕"禁止吃牛羊等四脚动物的肉"。想吃兽肉而不得的人们，就想出了这样一种说法：兔子蹦蹦跳跳的样子与鸟儿飞翔的样子相似，兔子的长耳朵与鸟儿的翅膀相似，兔子立起来时和鸟儿极为相似…… 因此兔子不是兽类，而是鸟类的近亲。于是，兔子不被人们当作四脚动物，而是用来食用，"羽"作为兔子的量词也就使用到了现在。

除此以外，还有许多有趣的量词等待你的发现。雨→滴，日语中是"雨"；乌贼→头，日语中是"杯"；羊羹→块，日语中是"棹"。手套→双、山→座……

身边的量词

在我们身边，有许许多多的量词。

部分量词的种类

描述细长的东西（裤子、黄瓜等）→条

描述有柄或把手的东西（伞、菜刀等）→把

描述书本或笔记本等→本

描述毛衣、外套等→件

在之前的学习中，我们已经接触了不少量词。比如，用"1打"来描述12支铅笔，用"半打"描述6支铅笔，用"1罗"描述12打铅笔。详见2月4日。

游戏中的数学

剩下几根火柴了呢

2月 16日

青森县　三户町立三户小学
种市芳丈老师撰写

阅读日期　月　日　月　日　月　日

火柴摆起来

今天又要向大家介绍一个数学魔术，需要准备的工具是火柴。没有火柴的话，也可以用其他形状相似的物体替代。

火柴数学魔术（图 1）

①把 20 根火柴摆成一排。

②选择 1 个你喜欢的一位数字。（例如，5）

③从一端开始，取走数字对应数量的火柴。

图 1

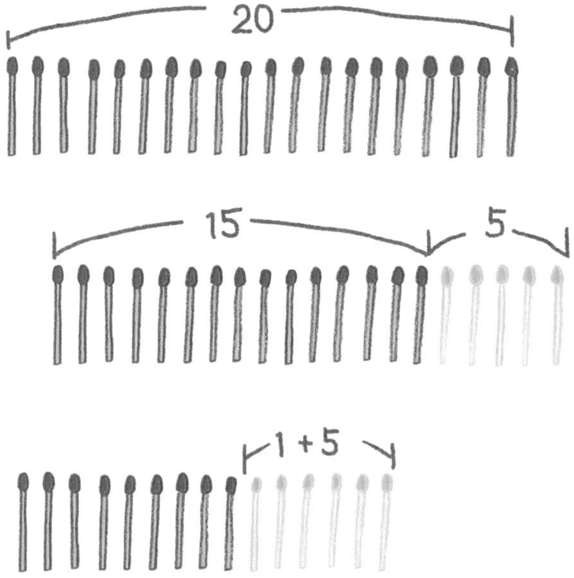

④将剩下火柴数量的个位数和十位数相加，得到 1 个数字，取走该数字对应数量的火柴。（例如，15 → 1 + 5 = 6）

⑤取走 2 根火柴，剩下还有几根?

神奇的事情发生了，不管选择的数字如何变化，剩下的火柴始终是 7 根。练习熟练之后，把魔术表演给同学、朋友们看看吧。

为什么剩下 7 根？

将算式列出来，谜底就揭晓了。例如，当选择的数字是 2、5、7 时，魔术经过如图 2 所示。

不管选择的数字如何变化，步骤④的答案都是 9。9 − 2 = 7。

为什么总是 9？

为什么步骤④的答案都是 9？回到火柴游戏中，就可以发现奥秘。以步骤③剩下 15 根火柴的情况为例，15

喜欢的数字是？

是 5

根火柴可以分为 10 根和 5 根两部分。在一端取走代表个位数的 5 根，5 − 5 = 0；在另一端取走代表十位数的 1 根，10 − 1 = 9。数字的改变不影响 10 减去 1，因此步骤④后的答案都会是 9。

这个火柴数学魔术由美国人马丁·伽德纳发明。除此之外，他还出了许多智力测验题和数学题。

收音机里的频率秘密

福冈县　田川郡川崎町立川崎小学
高濑大辅 老师撰写

阅读日期　　月　日　｜　月　日　｜　月　日

确认广播的频率

在听广播时，你注意过调幅（AM）和调频（FM）吗？这是两种不同的信号调制方式，但都是根据频率对广播进行分类。一般来说，调幅广播是针对远距离传播的节目使用，其辐射范围大，是长波，调幅广播的收听效果不好，音质差。调频广播则与之相反，其辐射范围小，是短波，调频广播音质较好。不同的广播平台，会有不同广播频率。在日本东京可以收到这些 AM 调幅广播：

NHK 广播第 1 频率 594 千赫

TBS 广播 954 千赫

文化广播 1134 千赫

日本广播 1242 千赫

千赫广播频率里的秘密

看上去没有规律的数字，其实藏着广播频率里的秘密哟。试着把这些数字除以 9 吧。

594÷9＝66　954÷9＝106　1134÷9＝126　1242÷9＝138

神奇的事情发生了，这些广播频率都能被 9 整除。这些能被 9 整除的数，叫作"9 的倍数"。国际上对调幅广播频率做了相关规定，频率在 531 千赫－1602 千赫之间，每个频率间隔 9 千赫。因此，调幅广播频率是 9 的倍数。打开广播，找一找调幅频率吧。

频率里还有秘密哟

把频率的数字拆开，还藏有小秘密呢。

594　→　5+9+4＝18

954　→　9+5+4＝18

哎呀，难道不同数位的数字加起来都会是 18 吗？我们再试几个。

1134 →　1+1+3+4＝9

1242 →　1+2+4+2＝9

算式这次数字拆开后相加的和，又变成 9 了。这里面藏着的数学规律是，把 9 的倍数的各数位数字相加之后，它的和也是 9、18 等 9 的倍数。

大家可以查一查当地的调幅广播频率。

43

身边的便利"尺子"

东京都　杉并区立高井户第三小学
吉田映子老师撰写

阅读日期　　　月　日　　月　日　　月　日

用货币来测量长度

想要知道刚刚长出的新芽有多长，想要了解手边箱子的长、宽、高……当我们只是需要一个大概的数据时，便利的"尺子"就很有用了。我们的身边，有许多可以测量长度的"尺子"。

图1

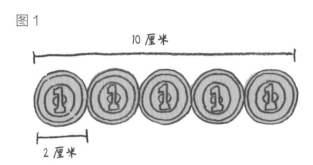

10 厘米

2 厘米

1 日元硬币的直径是多少？小小的一枚，正好是 2 厘米。将 5 枚硬币摆好，就获得了 10 厘米的"尺子"（图 1）。

图2

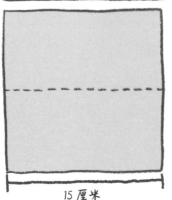

15 厘米

再来看看纸币，1000 日元纸币的长是 15 厘米、宽是 7.6 厘米。虽然宽度不是长度的 $\frac{1}{2}$，但对折后差不多就是一个正方形。日本用来折纸的纸张，通常是边长为 15 厘米的正方形。1000 日元纸币的大小约是纸张的 $\frac{1}{2}$（图 2）。

各种便利的"尺子"

明信片也是一种便利的"尺子",它的宽正好是 10 厘米。将 10 张明信片如图 3 所示摆好,就获得了 1 米的"尺子"。

再看看图 4 是什么"尺子"?闪闪发光的圆盘,原来是一张 CD。CD 和 DVD 的直径都是 12 厘米。

开动脑筋,找一找我们身边的"尺子"吧。

图 3

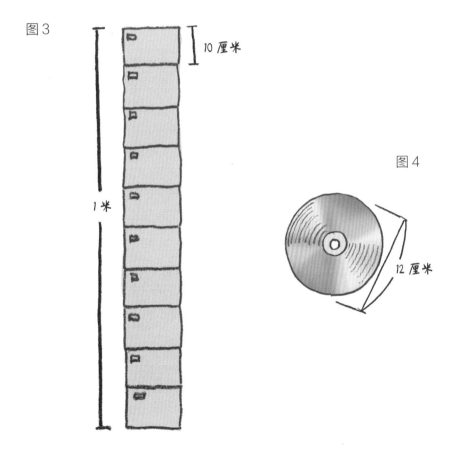

10 厘米

1 米

图 4

12 厘米

迷你
便签

盒装牛奶的底面,边长约为 7 厘米,面积约为 50 平方厘米。1 日元硬币的重量是 1 克。除了长度"尺子"以外,重量"称"和面积"尺子"也在等待你的发现哟。

"算数"的来历

2月 19日

青森县　三户町立三户小学
种市芳丈老师撰写

阅读日期　月　日　｜　月　日　｜　月　日

什么时候开始使用？

在日本，"算数"一词被用作数学课程的名称，是从1941年开始的。虽然这一历史并不久远，但"算数"这个词汇却可以追溯到2000年之前。

《汉书·律历志上》记载："数者，一、十、百、千、万也，所以算数事物，顺性命之理也。"

20 世纪 80 年代，《算数书》竹简（古代用来写字的竹片，也指写了字的竹片）在湖北省江陵县张家山出土，这是中国现存最早的系统的数学典籍。

藏在"算"里的含义

"算数"一词的确出现得很早，但在中国古代，一般是用"算术"一词来泛指数学全体。"算"是一种竹制的计算器具，算术是指操作这种计算器具的技术，也泛指当时一切与计算有关的数学知识。因此，算术不仅表达对数的运算，也是对事物本质的一种描述。

而在日本，"算术"也曾是数学课程的名称。从"算术"到"算数"，其变化的原因，是想强调数学已从日常计算发展为涵盖几何、代数等分支学科的状态。

接下来，我们还将面对几何、代数等许多数学分支学科，它们不再是单纯的计算，但同样也充满了趣味。

1882 年，东京数学会社在翻译英文 mathematics 时，从数理学、算学、数学等候补词汇中选择了"数学"。"数学"一词作为学科名称，由此被确定下来。

玩一玩七巧板

东京都　杉并区立高井户第三小学

吉田映子 老师撰写

阅读日期　月　日　月　日　月　日

图 1

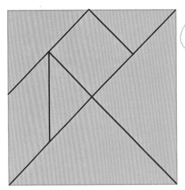

这就是有名的七巧板！

图 2

7 个图形就可以拼出好多花样！

风靡世界各地的游戏

七巧板又称七巧图、智慧板，是中国民间流传的益智玩具。如图 1 所示，七巧板由一块正方形切割为 7 个图形，通过拼凑，这 7 个图形可以变幻成各种图案（图 2）。

在 18 世纪，七巧板流传到了国外。其实像七巧板这样，由一块图形分割成多块、再进行拼接的益智玩具并不少，但能够风靡世界各地的，非七巧板莫属。

清少纳言也钟爱的益智游戏

　　清少纳言是日本平安时代的著名女作家，著有随笔作品《枕草子》。而她的《清少纳言智慧板》中，也介绍了许多其他切割方法的巧板，如图 3 所示的六巧板。

　　其中，由非正方形切割而成的巧板也令人大开眼界。如图 4 所示，"心形九巧板"就让曲线进入了巧板的世界（见 12 月 10 日）。

图 3

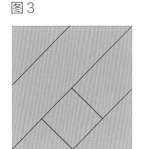

图 4

传统七巧板可以利用正方形切割而成的 7 个图形，再组成 2 个正方形。快来挑战吧。（还可以利用《清少纳言智慧板》介绍的七巧板进行挑战哟，见 8 月 26 日）。

49

1 加到 10 的简便运算

北海道教育大学附属札幌小学
泷泷平悠史老师撰写

阅读日期   月 日   月 日   月 日

图 1

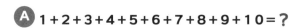

Ⓐ $1+2+3+4+5+6+7+8+9+10 = ?$

图 2

从 1 加到 10 会怎样？

如图 1 的算式 A 所示，这道加法题你有头绪吗？

把这道题用图来表示的话，就有了图 2，求所有蓝点的数量。

1 加到 10 的运算，自然是可以从左到右按顺序相加。那么，还有什么更简便的方法吗？

动动脑筋算一算

简便的运算方法是：

$11 \times 10 = 110$

$110 \div 2 = 55$

用这两个算式就能得出答案，快想一想它们和加法题的联系在哪里。

首先，如图 3 所示，列出一个从 10 加到 1 的算式 B，并写在算式 A 下方。然后，将 1 对准 10，2 对准 9，依次类推，上下两个数相加的和正好都是 11。

总共得到 10 组 11。

如果用图来表现算式 A 和式 B，蓝点为算式 A，红点为算式 B，可画出图 4。根据图 4，也可以清楚地看到，11 × 10 = 110 就是所有点的和。

但是，我们所求算式 A 只包括蓝点，也就是 110 的一半，即 110 ÷ 2 = 55。可得算式 A 的答案是 55。

图 3

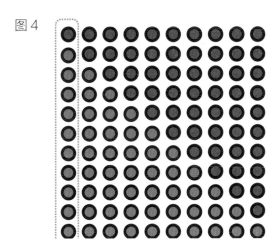

图 4

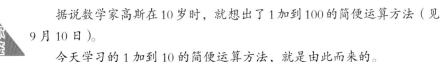

据说数学家高斯在 10 岁时，就想出了 1 加到 100 的简便运算方法（见 9 月 10 日）。

今天学习的 1 加到 10 的简便运算方法，就是由此而来的。

51

用计算器按出
有趣的 2220

2月
22 日

东京学艺大学附属小学
高桥丈夫 老师撰写

阅读日期📖 月 日 | 月 日 | 月 日

准备一个计算器

图1

今天向大家介绍一个用计算器玩的加法游戏。

观察计算器的数字键，如图 1 所示，从 1 开始，逆时针方向的数字是 2、3、6、9、8、7、4。从 1 开始，至 1 结束，组成 4 个三位数，并将它们相加。

123 + 369 + 987 + 741 = 2220（图 2）

再试一试从 2 开始，组成 4 个三位数，并将它们相加。236 + 698 + 874 + 412 = 2220（图 3）

从 3 开始，从 6 开始，从 9 开始，从 8 开始，从 7 开始，从 4 开始……不管起点是哪个数，组成 4 个三位数，相加的和始终都是 2220。是不是很有趣呢？

顺时针方向会按出什么

接下来，我们再试一试顺时针方向的从 1 开始，同样是组成 4 个三位数，并将它们相加。

147 + 789 + 963 + 321 = 2220（图 4）

不变还是 2220。

顺时针方向的从 4 开始，又会是怎样呢？ 478 + 896 + 632 + 214 = 2220（图 5）

果然还是 2220，神奇吧！

2220 里面究竟藏着什么秘密？仔细观察图 2- 图 5 就能发现，在每道竖式算式中，各数位分别相加，和都是 20。

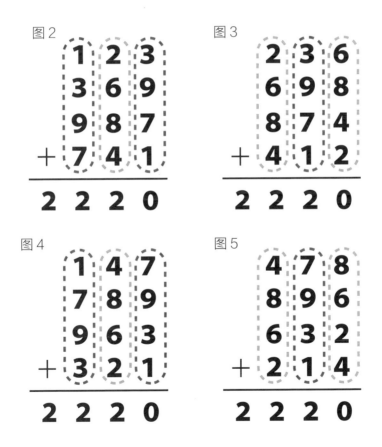

图 2

图 3

图 4

图 5

还有能按出 2220 的方法吗？快去找一找吧。

测量大象体重的方法

青森县　三户町立三户小学
种市芳丈老师撰写

什么工具可以称大象？

大家在动物园见过大象吗？它大大的身躯，让人好奇到底有多重。在三国时期，就有一位名人和大家抱有同样的疑问……

有一次，吴国的孙权送给曹操一头大象，曹操想知道大象的重量，就询问属下，但是没人能给出称象的办法。在那个时代，称量工具仅有杆秤与天平，是无论如何都称不了大象的重量的。

神童曹冲称象

曹操有个儿子叫曹冲，他长到五六岁的时候，知识和判断力就已经可以比得上成年人了。曹冲提出来："把大象赶到大船上，在船舷上齐水面的位置做上记号。再让大象下船，在船上装上石头，直至水面到达记号的位置。这时石头的总重量，差不多就等于大象的总重量了（图1）。"曹操听了很高兴，马上照这个办法做了。

石头的总重量约为 4500 千克，相当于 70 个成年人的重量。

图 1

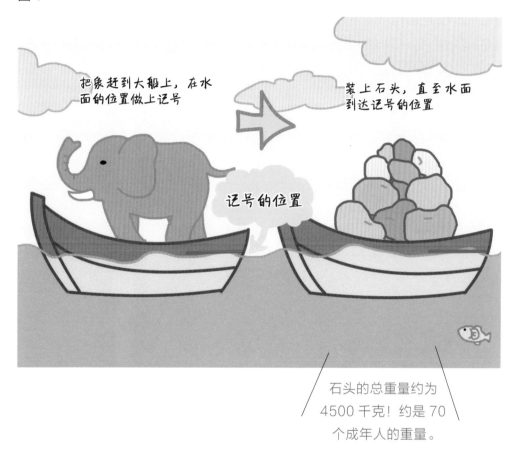

石头的总重量约为 4500 千克！约是 70 个成年人的重量。

 现在的动物园，通常使用地面嵌入式体重秤来称大象的重量。

游戏中的数学
123

猜数字游戏！
A 和 B

御茶水女子大学附属小学
久下谷明 老师撰写

2月
24日

阅读日期　　月　日　　月　日　　月　日

"2A1B" 的含义是什么？

今天我们来玩一个稍微有点儿难度的双人猜数字游戏。游戏规则如图 1 所示。

可能单看游戏规则，还是不太能明白。实践出真知，现在就和家人玩一玩吧。首先，确定谁是出题人，谁是答题人。出题人想好一个数字，游戏就正式开始了。

如果觉得四位数的难度太大，可以先从两位数、三位数开始玩。

图 1

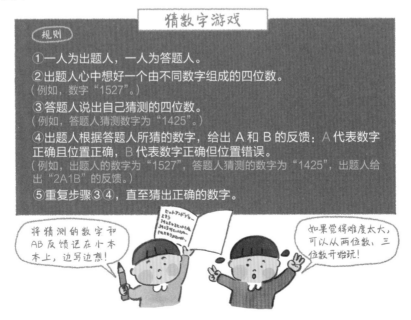

此外，答题人还可以将猜测的数字和 AB 反馈记在小本本上，边写边想，从确定某一个数字开始，逐步推断出答案。

用最少次数猜出正确答案的玩家获胜。

你能猜中正确的数字吗？

当你熟悉了游戏的规则，这两题就难不倒你啦。

问题1

正确的三位数是什么？

345 0A0B
268 2A0B
201 1A0B
278 1A0B

问题2

正确的四位数是什么？
3480 →0A2B
0741 →0A0B
9538 →1A2B
9823 →0A3B
8639 →0A2B

迷你便签

"试一试"的答案：问题 1 → 269，问题 2 → 2358。

黄金！矩形

岛根县　饭南町立志志小学
村上幸人老师撰写

希腊帕特农神庙。供图 /Sergio Bertino/
Shutterstock.com

列奥纳多·迪·皮耶罗·达·芬奇的作品
《蒙娜丽莎》。供图 /Artothek/Afro

极具美感的长方形

听到"黄金矩形"这个词，在你的脑海中浮现的是怎样的矩形呢？莫非是金光闪闪的矩形？

再给你一个提示：这个黄金，形容的并不是颜色，而是形状。但是黄金形状又是指什么呢？

"黄金矩形"是指长宽之比符合黄金分割的矩形，它兼具稳重与美感，令人愉悦。来看一下这张希腊雅典帕特农神庙的照片吧，神庙的高（复原后的屋顶为最高点）与长组成了一个长方形。这个长方形，就是黄金矩形。

从巴黎凯旋门、日本唐招提寺金堂，到纽约联合国总部大楼，从达·芬奇的《蒙娜丽莎》到葛饰北斋的《富岳三十六景》……在许多建筑与艺术品中都能找到

58

黄金矩形的身影。

美的秘密就在长宽之比

黄金矩形到底是怎样的形状呢？我们来做一个简单的验证。首先，以某个矩形的宽为边长，在这个矩形内部作出一个正方形。矩形一分为二，分为正方形和小矩形。当小矩形和大矩形拥有相同的形状（长宽比相同）时，这个矩形就是黄金矩形。对小矩形再进行一分为二的操作时，可以继续得到相同形状的小小矩形。黄金矩形具有这样神奇的特征。

黄金矩形长宽之比约为 1.618:1。黄金分割出现于自然的无形之手，也出现在人类的有形之手中。

哪个才是黄金矩形？

下图中藏着两个黄金矩形，快来找找吧。

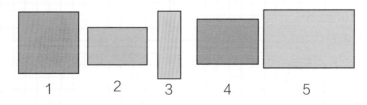

1   2   3   4   5

关孝和是和算届的超级巨星

明星大学客座教授
细水保宏老师撰写

"笔算" 的发明

在江户时代（1603-1867 年）之前，日本的数学发展还是以中国的传统数学为范本。进行加减法等简单运算时，使用算盘。面对更难一些的问题时，则使用算筹。

使用算筹时，需要将小棍子一根根摆放好，再进行计算。有没有能够代替算筹，仅用数字和符号进行纸笔计算的方法呢？江户时代的和算（日本古典数学）家关孝和（1642？ -1708 年），改进了元代数学家朱世杰《算学启蒙》中的天元术算法，开创了和算独有的笔算。

和算进入空前发展

关孝和作为世袭武士，受聘于德川幕府家、甲府（今山梨县）宰相德川纲重及纲重之子纲丰。他从小就展现出非凡的数学天赋，后来从事的工作也涉及金钱的管理。用现在的话来说，大概是一位政府机关的审计人员。

作为一名数学家，关孝

和算最厉害！

和留下了许多数学研究成果。他用自创的方法，求得 π 的近似值 3.14159265359，使圆周率精确到小数点后第 10 位。

其中，最突出的数学成就是创立了被称为"傍书法"的文字笔算方法。傍书法使用汉字或汉字偏旁部首作为简字代数符号，用于表示代数方程或代数式，是一种具有东方特色的符号代数。通过傍书法，许多复杂问题迎刃而解。

关孝和可以说是日本数学发展史上划时代的数学家，和算自他以后，进入了日新月异、独立发展的阶段。因此，在江户时代就有和算家尊称关孝和为"算圣"。

江户时代的笔算

下图是傍书法的表现形式，和大家熟知的西方算式不太一样呢。你能用傍书法算一算加减法吗？

西方算式	甲 + 乙	甲 - 乙	甲 × 乙	甲 ÷ 乙
傍书法	|甲 |乙	|甲 乂乙	|甲乙	乙|甲

(左侧竖排文字：傍书法)

迷你便签

1994 年 11 月 1 日，円（yuán）馆金、渡边和郎在北见市发现了小行星 7483，它被命名为"关孝和（7483Sekitakakazu）"。据说，关孝和在天文历法方面也有较深的研究。

道路上的字
为什么又长又细

神奈川县　川崎市立土桥小学

山本直老师撰写

阅读日期　　月　日　｜　月　日　｜　月　日

在道路上出现的文字

你观察过道路吗？"停车""前方学校""公交专用"……在日本，道路地面上写着各种指示性文字。通过文字来提醒司机，这并不奇怪。怪的是，这些文字通常是又细又长的。

角度不同结果也不同？

图 1

请观察图 1 的"停车"，比普通的文字要细长许多。当我们从正面看这本书上的"停车"时，的确感到又细又长。不过，如果我们再从斜上方观察这两个字，文字比例就又趋向于正常了。观看角度不同，文字的长度也起了变化，像变戏法似的。

同理，写在道路上的文字，从正上方观察显得又细又长。但当观察者是司机时，从斜上方看过去，文字是非常容易识别的。

道路上的文字，是为信息的传达对象（司机）量身定制的。

立体广告的错觉

你去过足球场或田径场吗？我们往往会在球门附近看到极具立体感的广告牌，而走近一看，发现广告牌其实是画在地面上的。有趣的是，地面上的广告牌虽然是平行四边形的，但我们在电视上看到的却是长方形。如果你有机会在电视或现场观看比赛时，注意一下哟。这时候，广告上的信息也是为传达对象（观众）而量身定制的。

视错觉，是指当人们观察物体时，基于经验或不当的参照物形成的错误的判断和感知。在我们日常生活中，有不少利用视错觉的例子，其中视错觉图就是其一（见10月10日）。

破解密码情报

东京都杉并区立高井户第三小学
吉田映子 老师撰写

阅读日期	月 日	月 日	月 日

去掉 J 的密码技术

"SHJUXJUEJDAJBAJIKJE"这串字符是什么意思？

一串看起来毫无意义的字符，其实运用了"去掉 J"的密码技术。将所有的 J 都去掉之后，这句话破解成了"SHUXUEDABAIKE（数学大百科）"。

再看看下面这一串数字有什么含义，8、1、15、23、1、14、4、5、19、8、21、24、21、5。

A	B	C	D	E	F	G	H	I	J
1	2	3	4	5	6	7	8	9	10
K	L	M	N	O	P	Q	R	S	T
11	12	13	14	15	16	17	18	19	20
U	V	W	X	Y	Z				
21	22	23	24	25	26				

对照上面的 26 个英文字母表，可以知道每个数字都对应一个英文字母。

比如，8 对应字母 H，1 对应字母 A……

这串数字破解后就是，"HAOWANDESHUXUE（好玩的数学）"。

能破解这个密码技术吗？

要难起来了哦。

"BANSHIBUYEDEKELABAILINGBOJIANAZENGKMXYIC
FMOUATABYKA"。

同样是让人摸不着头脑的一串字符。

这次密码情报破解的关键是"3"，试着每 3 个字母做一个记号。

"BANSHIBUYEDEKELABAILINGBOJIANAZENGKMXYIC
FMOUATABYKA"。

把红字拎出来，这串字符就破解成了"NIYELAIBIANMIMABA
（你也来编密码吧）"。

请破解下面的密码

3、23、25、1、12、14、7、19、18、8、25、112、
14、19、7、23、3、18、8、17、9、16、10、17、9、6、
20、5、21、17、9。

破解关键是"2"。除了使用 26 个英文字母表，这段密
码还融合了间隔数字的密码技术。

"试一试"中的密码，首先对照 26 个英文字母表，可破解出"CWYA
LNGSRHYALNSGWCRHQIPJQIFTEUQI"。再根据关键"2"，继续破解
出"WANSHANGCHIJITUI（晚上吃鸡腿）"。是不是很有趣？你也来写
一段自己的密码情报吧。

为什么会有闰年

2月 29日

大分县　大分市立大在西小学
二宫孝明老师撰写

阅读日期　　月　日　│　月　日　│　月　日

不设置闰年的话，年深日久，就会出现天时与历法不合的现象。

你听说过"闰年"吗？普通的年份（平年）一年有365天，每4年会出现一次2月29日（闰日），这一年有366天。凡公历中会出现"闰日"的年，被称为"闰年"。那么，为什么每4年就会有一次366天呢？

古时候就有的"闰月"

古时候的人们通过观察月相盈亏，来制定历法。从一次新月到下一次新月的时间周期为1个月，重复12次就是一年。农历规定，大月30天，小月29天，

这样一年12个月共354天，比公历的一年要短11天。

如果按照上述规定制定历法，十几年后就会出现天时与历法不合、时序错乱的怪现象。为了克服这一缺点，我们的祖先在天文观测的基础上，找出了"闰月"的办法，设置一些年份一年有13个月。

"闰日"的诞生

"闰月"的设定，在某种程度上解决了农历的缺点，但长期使用下

来，仍然存在时序偏离的问题。于是人们继续寻找更加精确的历法。

1582 年，教皇格列高利十三世颁布了格里历，也就是我们现在使用的公历。

公历将一年精确定为 365.2425 天，普通的年份一年是 365 天。在闰年设置"闰日"，这也是为了弥补因为历法规定造成的一年天数与地球实际公转周期的时间差。关于闰年有这样的判断方法："四年一闰，百年不闰，四百年再闰。"也就是说，公历年份是 4 的倍数的一般都是闰年；但公历年份是 100 的倍数时，必须是 400 的倍数才是闰年。

江户时代的历法

公元 6 世纪，中国的历法传入了日本。但到了江户时代，历法已经出现了一些偏差。1684 年，天文学家涉川春梅制定了日本第一部历法《贞享历》。后来涉川家族代代担任幕府天文方（相当于中国古代的钦天监），制定历法。

 2 月 29 日是 4 年一度的"闰日"。"闰"除了"余数"的本义，还有"偏，副，伪"的意思。

在这个照相馆里，我们会给大家分享一些与数学相关的、与众不同的照片。带你走进意料之外的数学世界，品味数学之趣、数学之美。

◉ 骰子提供／吉田映子

1 正多面体

除了我们熟悉的正六面体骰子之外，还有正四面体、正八面体、正十二面体、正二十面体等各种各样的骰子。

2 小数·分数

里：两颗十面体的"小数骰子"。一颗表现的是小数点后一位，另一颗表现的是小数点后两位。

外：各种"分数骰子"。你能猜出这些分数的规律吗？

"骰子展览馆"

在数学课堂上，经常出现骰子的身影，它们通常是由6个面组成的正方体（正六面体）。但世界之大，也有许多别具一格、充满趣味的骰子。在今天的照相馆里，就向大家介绍一些"变种"骰子。

3 变种骰子

（从左至右）

不是投掷而是滚动的"小棍骰子"。

标注2、4、8、16、32、64的"2倍骰子"。

由30个菱形组成，标注1-30的"三十面体骰子"。由加法、减法、乘法、除法符号组成的"符号骰子"。

4 骰子套骰子

骰子里面又有骰子，投掷一次，将大小骰子的数目相加。这个设计真是太适合棋盘游戏了，瞬间让游戏氛围活跃起来。

69